BEI GRIN MACHT SICH IHR WISSEN BEZAHLT

- Wir veröffentlichen Ihre Hausarbeit, Bachelor- und Masterarbeit

- Ihr eigenes eBook und Buch - weltweit in allen wichtigen Shops

- Verdienen Sie an jedem Verkauf

Jetzt bei www.GRIN.com hochladen und kostenlos publizieren

André Sperlich

Die Berliner Achse vom Ernst-Reuter-Platz bis zum Alexanderplatz - Entstehung, Funktion und Symbolik eines städtischen Ensembles

GRIN Verlag

Bibliografische Information der Deutschen Nationalbibliothek:

Die Deutsche Bibliothek verzeichnet diese Publikation in der Deutschen National-
bibliografie; detaillierte bibliografische Daten sind im Internet über http://dnb.d-
nb.de/ abrufbar.

Impressum:

Copyright © 2005 GRIN Verlag GmbH
Druck und Bindung: Books on Demand GmbH, Norderstedt Germany
ISBN: 978-3-640-35324-8

Dieses Buch bei GRIN:

http://www.grin.com/de/e-book/49703/die-berliner-achse-vom-ernst-reuter-platz-
bis-zum-alexanderplatz-entstehung

Geographisches Institut der

Christian – Albrechts – Universität zu Kiel

Fachbereich: Regionale Geographie

Hausarbeit zum Thema:

„ Die Berliner Achse vom Ernst-Reuter-Platz bis zum Alexanderplatz – Entstehung, Funktion und Symbolik eines städtischen Ensembles"

Hauptseminar: Symbolische Ensembles in Städten

Sommersemester 2005

Vorgelegt von: André Sperlich

Abgegeben am: 07.06.2005

Inhalt

1. Einleitung in die Thematik der Symbolik

Die vorliegende Hausarbeit beschäftigt sich mit der Achsensymbolik Berlins. Diese Achse bezieht sich auf den Bereich zwischen dem Ernst-Reuter-Platz und dem Alexanderplatz und beschreibt und analysiert den Symbolik und Funktion einiger ausgewählter Wahrzeichen, die sich entweder auf oder in unmittelbarere Umgebung der Achse befinden.

Wahrzeichen sind Symbole, die zur alltäglichen Realität eines jeden Menschen gehören. Sie haben eine realitätsreduzierende und –filternde Wirkung auf das Zusammenleben von Menschen und sind somit für deren sozialen Zusammenhalt und die Identifikationsbereitschaft enorm wichtig; denn sie betonen die Gemeinsamkeiten einer Gruppe, und erlauben somit eine Zuordnung von Gruppenmitgliedern zu einer Gruppe (z. B. die Zuordnung zu der Gruppe der Berliner). Umgekehrt ist natürlich auch eine Abgrenzungsfunktion zu außerhalb der Gruppe stehenden Personen möglich.

Somit sind die Analyse der Wahrzeichen und deren Bedeutung für die Bevölkerung Teil des Fachgebiets der Kulturgeographie und sind vor allem in Anlehnung an das Modell der Kulturerdteile nach Kolb/Newig interessant.

Als thematische Einführung wird zuerst in groben Zügen die Geschichte Berlins dargelegt, auf die in der Folge immer wieder Bezug genommen wird. Eine Analyse der Symbolik Berlins ist ohne eine kurze Einführung in ihre Geschichte nicht denkbar.

Anschließend fügt sich eine ausführliche Analyse einzelner ausgewählter Wahrzeichen, die sich innerhalb des Achsenensembles befinden, an. Diese Analyse befasst sich vor allem mit der historischen Entwicklung der einzelnen Wahrzeichen, sowie mit deren Restaurierungs- und Umbauphasen.

Außerdem werden Funktions- und Symbolikwandel der Wahrzeichen dargestellt, sowie die heutige symbolische Bedeutung und Funktion der Wahrzeichen behandelt.

Anschließend wird die Achse in ihrer Gesamtheit, also als Gesamtanlage, betrachtet, bevor ausführlich auf die Symbolik des Gesamtensembles „Berliner Achse" eingegangen wird.

Das Schlusskapitel wird die Arbeit abschließen und zusammenfassen.

2. Berlin

2.1 Die Entstehung Berlins

Der Großraum Berlin ist seit etwa 8000 v. Chr. nachweislich besiedelt. Die ersten Anfänge einer Stadt werden auf das Jahr 1200 datiert.

Jedoch war Berlin nicht der einzige Siedlungspunkt, es bildete sich eine Doppelstadt, die sich aus den beiden selbständigen Gemeinden Berlin und Cölln zusammensetzte. Die Orte wurden durch die Spree geteilt und lagen sich am Mühlendamm, einer Furt, gegenüber. Der Zusammenschluss der beiden Kaufmannsstädte ist durch die Etablierung eines gemeinsamen Rathauses 1307 bezeugt, außerdem fand man bei Ausgrabungen 1956 Schriften, in denen Berlin und Cölln als Gemeinwesen 1230 das Stadtrecht verliehen wird[1]. 1451 wurde Berlin Residenzstadt der brandenburgischen Markgrafen und

---

[1] http://de.wikipedia.org/wiki/Berlin

Kurfürsten und blieb Residenzstadt bis 1918. Im 17. Jahrhundert folgte eine Erweiterung Berlins durch mehrere Vorstädte, auch der Dreißigjährige Krieg mit seinem wirtschaftlichen Niedergang und dem Verlust etwa der Hälfte der Berliner Bevölkerung[2] (durch Pest-, Pocken- und Ruhrepidemien) konnte den Aufstieg Berlins nur kurzfristig verzögern. 1701 wurde Berlin nach der Krönung Friedrich I. preußische Hauptstadt und entwickelte sich zu einem bedeutenden Zentrum von Politik, Wirtschaft und Kultur[3].

1709 wurden daraufhin die Städte Berlin, Cölln, Friedrichswerder, Dorotheenstadt und Friedrichstadt vereinigt (siehe Abb. 1[4]).

Der Nachteil des rasanten Wachstums war, dass sich die Arbeitsbedingungen breiter Bevölkerungsschichten immer mehr verschlechterten, es herrschte vielerorts Armut. Die Proteste gegen die Obrigkeit mündeten in der Märzrevolution von 1848. Die Straßenkämpfe erhöhten den Druck auf den König, der den Revolutionären schließlich Pressefreiheit,

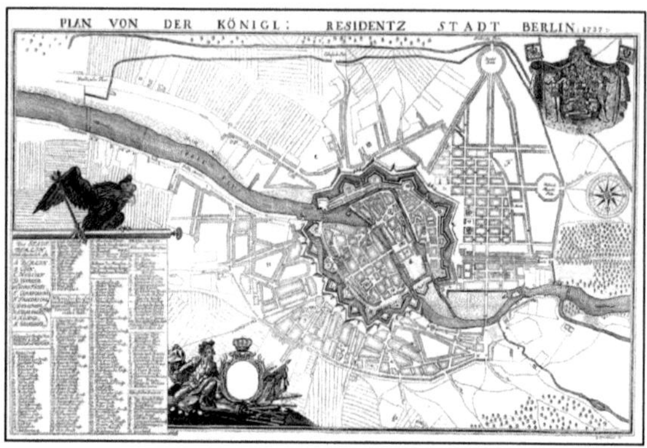

Abb. 1: Berlin 1737

Koalitions- und Versammlungs- sowie Wahlrecht und die Aufstellung einer eigenen Bürgerwehr gewährte.

Das Entstehen neuer Vorstädte durch die wachsende Bevölkerungszahl machte noch weitere Eingemeindungen notwendig, 1861 folgten Wedding, Moabit und die Tempelhofer und Schöneberger Vorstadt. 1871 wurde Berlin nach dem Sieg über Frankreich unter Führung Preußens Hauptstadt des neu gegründeten Deutschen Reiches. Dieser weitere Bedeutungsgewinn und die fortschreitende Industrialisierung gaben der Entwicklung Berlins einen weiteren Schub.

Nach dem Ende des ersten Weltkrieges wurde in Berlin vom Reichstag aus die Republik ausgerufen, Berlin wurde zum Schauplatz machtpolitischer Streitigkeiten, aus denen die Demokratie zunächst als Sieger hervorging[5].

1920 erfolgten weitere Eingemeindungen, so dass Berlin annähernd 4 Millionen Einwohner zählte. 1933 wurde Berlin nach der Machtergreifung der Nationalsozialisten Hauptstadt des Dritten Reiches, die Pläne, Berlin zur „Welthauptstadt Germania" auszubauen, vereitelte die Niederlage im zweiten Weltkrieg.

---

[2] http://userpage.chemie.fu-berlin.de/BIW/d_berlin-geschichte.html
[3] Koziol, Christian und Wetzlaugk, Udo (1984): *Berlin im Überblick*. Informationszentrum Berlin. Cornelsen-Velhagen &Klasing, Berlin. S. 14
[4] http://www.stadtentwicklung.berlin.de/service/veroeffentlichungen/de/karten/historisch/index.shtml
[5] Koziol, Christian und Wetzlaugk, Udo (1984): *Berlin im Überblick*. Informationszentrum Berlin. Cornelsen-Velhagen &Klasing, Berlin. S. 18

Nach dem Krieg war Berlin großflächig durch Bomben zerstört worden, nur noch 2,8 Millionen Menschen von ursprünglich über 4 Millionen lebten noch in der Stadt. Doch neben der Zerstörung der Bausubstanz und der Reduzierung der Bevölkerung veränderte sich auch die politische Situation grundlegend.

Nach der Kapitulation wurde Berlin in vier Sektoren, den amerikanischen, den britischen, den französischen und den sowjetischen Sektor, aufgeteilt. Differenzen unter den vier Siegermächten, erste Auswüchse des späteren „Kalten Krieges", führten schließlich zur Teilung Berlins und 1949 zur Gründung der DDR. Diese Ost-West Abgrenzung manifestierte sich 1961 im Bau der Berliner Mauer, die nun eine Flucht aus Ostberlin nach Westberlin unmöglich machte.

Erst 1989 konnten die Berliner nach die Öffnung der Mauer feiern, die deutsche Einheit wurde am 03.10.1990 vollzogen. Berlin wurde per Einigungsvertrag deutsche Hauptstadt und 1991 fiel der Beschluss, den Bundestag nach Berlin umzusiedeln. Am 01.09.1999 nahm die Bundesregierung offiziell ihre Arbeit im Berliner Reichstagsgebäude auf[6].

Im Jahr 2001 erfolgt die Bezirksneuverteilung zur Verschlankung des Verwaltungsapparates (siehe Abb. 2[7]), die ursprünglich 23 Bezirke wurden auf 12 reduziert. In der Bevölkerung hat sich diese Neueinteilung jedoch noch nicht durchsetzen können.

Abb. 2: Berlin – Bezirkseinteilung bis 2001

Heute erstreckt sich Berlin über etwa 891,75km² (2004) und zählt 3.386.319 Einwohner (2004[8]).

3. Beschreibung einzelner markanter Punkte

In der nun folgenden Darstellung der einzelnen markanten Punkte dieses Achsenensembles werde ich von Westen nach Osten vorgehen.

Inhalt dieses Abschnitts ist die physische Entstehung des jeweiligen Wahrzeichens sowie dessen eventuelle Restaurierungsphasen. Weiterhin gehe ich auf möglicherweise vorhandene anderweitige frühere Funktionen und deren beabsichtigte Repräsentativität ein.

---

[6] Baedeker, Verlag (2001): *Baedeker Berlin – Stadtführer von Karl Baedeker.* Karl Baedeker GmbH, Ostfildern-Kemnath und München. S. 48-53

[7] Baedeker, Verlag (2001): *Baedeker Berlin – Stadtführer von Karl Baedeker.* Karl Baedeker GmbH, Ostfildern-Kemnath und München. S. 38

[8] http://de.wikipedia.org/wiki/Berlin

Abschließend behandele ich die heutige Funktion und, damit verbunden, die aktuelle symbolische Bedeutung des Ensembles.

Es kann leider mit Rücksichtnahme auf den Umfang der Arbeit nur eine kleine Auswahl der zu dem Achsenensemble gehörenden Wahrzeichen beschrieben werden. Hierbei betrachte ich vorwiegend die Ensembles, die objektiv betrachtet den höchsten symbolischen Wert haben.

3.1 Ernst-Reuter Platz

3.1.1 physische Entstehung und Restaurierungsphasen

Der Ernst-Reuter-Platz (siehe Abb. 3[9]) war früher eine Station auf dem Verbindungsweg zwischen dem Berliner Stadtschloss und dem Schloss Charlottenburg. Die Charlottenburger Chaussee (heute Straße des 17. Juni) war im damaligen 18. Jahrhundert noch ein Sandweg. Wo sich heute der Platz befindet, machte die Straße einen Knick, weswegen der Ernst-Reuter-Platz noch heute volkstümlich „Knie" genannt wird. Im Laufe der Zeit nahm der Verkehr auf dieser

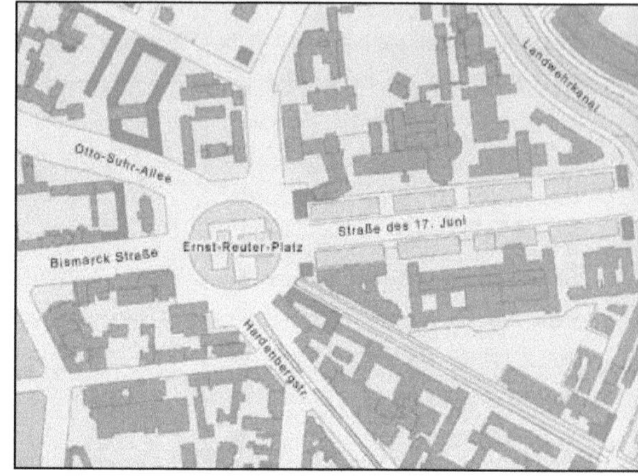

Abb. 3: Ernst- Reuter-Platz

wichtigen Verbindungsstraße immer mehr zu, es führten um das Jahr 1900 bereits sechs Straßen unmittelbar zum Ernst-Reuter-Platz.

Am 14.02.1902 wurde die U-Bahn Haltstelle Ernst-Reuter-Platz eröffnet[10], was große Umbauten am Platz selbst mit sich brachte. Um den Platz herum entstanden neue Gebäude, in der Mitte wurde eine Insel angelegt, von der aus nun Verkehrspolizisten versuchten, dem wachsenden Verkehr Herr zu werden.

Zu Beginn des zweiten Weltkrieges herrschte rund um den Platz sehr dichte Bebauung vor, die allerdings weniger Einzelhandel oder Gastronomien, sondern vielmehr wie auch heute Bürokratie und Gewerbe beherbergte.

Diese Optik des Ernst-Reuter-Platzes wurde jedoch am 1. Mai 1945 komplett vernichtet, als sich die Wehrmacht ein Artillerieduell mit der 219. sowjetischen Panzerbrigade lieferte. Fast alle Gebäude waren danach abrissreif, die Gegend rund um den Platz ein Trümmerfeld.

---

[9] http://www.nachkriegsmoderne.de/kahl/kahl.htm
[10] http://infos.aus-germanien.de/Geschichte_der_Berliner_U-Bahn

Dieser Zustand änderte sich erst 1953 im Zuge des Wiederaufbaus, den die Stadt stark intensiviert hatte. Hohe Häuser mit freien Flächen dazwischen, sowie helles und luftiges Wohnen war nun die neue Baumaxime.

Unter dem Titel "Hauptstadt Berlin" wurde ein internationaler Wettbewerb ausgeschrieben, er umfasste das Gebiet vom Ernst-Reuter-Platz bis zum Alexanderplatz, ungeachtet der Tatsache, dass der östliche Teil davon seit 1949 in einem anderen und zudem feindlichen Staat lag. Ergebnis dieses Wettbewerbs war unter anderen das heutige Hansaviertel, sowie auch der neue Ernst-Reuter-Platz mit seinen heutigen Ausmaßen von 130 x 117 Meter[11].

Am 1.10.1953 bekommt der Platz auch seinen heutigen Namen, nach dem zwei Tage zuvor gestorbenen Bürgermeister West-Berlins, Ernst Reuter.

Trotz seiner wechselvollen Geschichte ist der Platz kein optisches Highlight. Zumindest seine Kälte und Unnahbarkeit sollte 1960 durch die Schaffung zweier Wasserbecken mit Springbrunnen auf der Mittelinsel behoben werden. Als wirklich gelungen ist dies jedoch nicht zu bezeichnen[12].

Die neuesten Pläne der Berliner Stadtplaner ziehen auch immer mehr Teilabrisse der umliegenden Häuser in Betracht, so sollte das TU Gebäude der Fakultät für Bergbau und Hüttenwesen Ende 2004 abgerissen werden, geschehen ist bis heute, auch aufgrund zahlreicher Bürgerproteste, jedoch noch nichts[13]. So bleibt der Ernst-Reuter-Platz, was er seit Jahrhunderten ist: Eine Verbindung mehrerer großer Straßen und einer der Berliner Hauptverkehrsknotenpunkte, aber keine optische Sehenswürdigkeit.

1.1.2 frühere Funktion und geplante Repräsentativität

Der Ernst-Reuter-Platz war von jeher ein Verkehrsknotenpunkt und diese Funktion hat sich auch durch die Jahrhunderte hindurch nicht wesentlich verändert.

Eine geplante Repräsentativität hat es zumindest bis nach dem 2. Weltkrieg nicht gegeben. Das der Ernst-Reuter-Platz jedoch eine schwer zu bestimmende aber eindeutig vorhandene Wirkung auf die Bewohner der Stadt Berlin hat, zeigt sich daran, dass diese ihm mit der Bezeichnung „Knie" einen Spitznamen gegeben haben. Diese Bezeichnung war im Volksmund gebräuchlich und für jeden Berliner verständlich. Dies führte soweit, dass der Platz bis zu seiner

Umbenennung 1953 auch offiziell die Bezeichnung „Am Knie" trug – ein Ergebnis der gewachsenen Bezeichnung des Platzes durch die Bevölkerung.

Als der Platz 1953 wieder aufgebaut war erfüllte er neben seiner Funktion als Verkehrsknotenpunkt noch eine weitere Aufgabe. Mit Gründung der DDR 1949 und dem Bau der Stalinallee in Ostberlin hatte die Sowjetunion ein Bauwerk geschaffen, das seine symbolische Wirkung von Macht und Stärke gegenüber Westberlins und der Bundesregierung nicht verfehlte.

---

[11] Baedeker, Verlag (2001): *Baedeker Berlin – Stadtführer von Karl Baedeker.* Karl Baedeker GmbH, Ostfildern-Kemnath und München.
[12] http://www.berlinstreet.de
[13] http://www.nachkriegsmoderne.de/kahl/kahl.htm

Der neu gestaltete Ernst-Reuter-Platz sollte das Gegenstück zu diesem Bauwerk darstellen. Im Gegensatz zur geschlossenen, alleenartigen Gestaltung der Stalinallee war der Platz durch seine runde Form und hohe, offene, helle, moderne[14] Bauweise als Symbol der Demokratie angelegt.

Auch der neue Name des Platzes war ein politisches Signal, wandte sich der verstorbene Ernst Reuter doch allzeit vehement gegen die Okkupierung Westberlins durch die DDR.

3.1.3 heutige Funktion und symbolische Bedeutung

Mit der Wiedervereinigung 1990 änderte sich die Funktion und damit verbunden die symbolische Bedeutung des Platzes erneut. Das Feindbild der DDR war nun nicht mehr gegeben, somit auch die Symbolik gegen die DDR nur noch Geschichte.

Heute präsentiert sich der Platz nur als zentraler Verkehrsknotenpunkt, der umsäumt ist von mehreren Bürogebäuden, die teils universitär, teil gewerblich genutzt werden.

Abb. 4: Ernst-Reuter Platz heute

Somit ist der Ernst-Reuter-Platz (siehe Abb. 4[15]) heute ein städtisches Ensemble, das nach einer Phase des Bedeutungszuwachses nun einen deutlichen Verlust dessen hinnehmen musste, und dessen Bedeutung im Schatten der an Bedeutung gewinnenden Ensembles Berlins eher noch weiter abnehmen wird.

Eine emotionale Bindung der Berliner an diesen Platz ist kaum festzustellen, weswegen er nicht als Wahrzeichen im engeren Sinne bezeichnet werden kann, da sich durch diesen Mangel keine Gruppe über ihn definiert.

Nimmt man die von Kevin Lynch definierten Merkmale von Wahrzeichen zu Hilfe, so fällt zusätzlich auf, dass der Platz kaum ein Wahrzeichen aus traditioneller Sicht sein kann, sondern eher eine Zwischenform zwischen Wahrzeichen und einfachem Verkehrsknotenpunkt einnimmt.

Der Platz zeichnet sich nicht durch Einzigartigkeit aus, denn verkehrsreiche Plätze dieser Art gibt es viele in Deutschland und der Welt, das „Alleinstellungsmerkmal" ist folglich nicht zutreffend.

---

[14] http://www.berlinstreet.de

[15] http://www.dvw-lv1.de/3_termine/3_lage_bln.htm

Außerdem akzentuiert der Platz kein bestimmtes Element, sondern sehr viele verschiedene, wie z. B. den Kreis als geometrische Form, die senkrechte wird durch die Vielzahl an Hochhäusern betont, und die beiden Springbrunnen in der Mitte des Kreisverkehrs heben Vierecke heraus.

Allerdings treffen auch einige der Merkmale Lynchs auf den Platz zu. Der Platz ist „prominent", also bekannt, auch wenn er hier überwiegend von seiner veränderten Symbolik von vor der Wende profitiert. Zudem ist er wegen seiner Größe und dadurch, dass die Straßen sternförmig von ihm wegführen, von vielen Punkten gut sichtbar.

3.2 Siegessäule und Großer Stern
3.2.1 physische Entstehung und Restaurierungsphasen

Etwa zwei Kilometer westlich des Ernst-Reuter-Platzes steht heute die Siegessäule (siehe Abb. 6[16]). Sie ist nach antiken Vorbildern (z. B. der Trajanssäule in Rom) als Triumphsäule konstruiert und hat als solche auch eine symbolische Bedeutung. Triumphsäulen erinnern an besondere Ereignisse aus der Geschichte des jeweiligen Landes, so auch die Siegessäule in Berlin.

Ihre Symbolik hat sich allerdings von ihrer Planung 1864 bis zum Bauabschluss 1873 durch geschichtliche Ereignisse stetig verändert.

Der eigentliche Anstoß zum Bau der Siegssäule ging von König Wilhelm I.

Abb. 5: Ursprünglicher Platz der Siegessäule

von Preußen im Dezember 1864 aus, der nach dem Sieg der Preußen und Österreicher über Dänemark die Errichtung eines Denkmals auf den Weg brachte. Im April 1865 begann die Grundsteinlegung der Säule, jedoch nicht an ihrem heutigen Standort, dem großen Stern, sondern auf dem Königsplatz (Platz der Republik) direkt vor dem Reichstag (siehe Abb. 5).

Deren geplante Bauweise wurde jedoch vom „Deutschen Krieg" 1866 überholt, in dem Preußen Österreich überwand, was die kleindeutsche Lösung, einen deutschen Nationalstaat ohne Beteiligung Österreichs, nach sich zog[17]. Dieses einschneidende Ereignis sollte auch seine Repräsentation in der Siegessäule finden. Ein Beispiel der Einbeziehung dieses Krieges ist, dass nun nicht nur dänische Beutekanonen die Säulentrommeln zieren, sondern eben auch

Abb. 6: Siegessäule

---

[16] http://www.cfd.tu-berlin.de/~peth/berlin/berlin-siegessaeule.html
[17] http://de.wikipedia.org/wiki/Deutscher_Krieg

österreichische.

Ein weiteres politisches Großereignis beeinflusste im Jahr 1871 erneut die Erbauung der Säule. Deutschland bezwang im deutsch-französischen Krieg 1870-1871 Frankreich, und so wurden in die dritte Trommel der Siegessäule französische Beutekanonen eingearbeitet.

Die Einweihung dieses ersten deutschen Nationaldenkmals fand am 02.09.1873 statt, dem dritten Jahrestag der Kapitulation Frankreichs bei Sedan.

Neben den drei Trommeln zieren noch andere Symbole die Säule. Rund um den Sockel der Säule sind vier Bronzefriese angebracht, die Schlachten oder wichtige Szenen aus den drei Kriegen zeigen, die den Säulenbau beeinflusst haben.

Über dem Podest, den Säulentrommeln untergelagert, befindet sich rund um die Säule herum ein Mosaik. Ursprünglich war das Mosaik ein Gemälde auf Karton, das um die Säule gelegt war. Doch schon kurz nach Eröffnung des Denkmals regte der Maler des Bildes, Anton von Werner, die Überführung dessen in ein haltbareres Material an.

Das Mosaik ist in vier große Bereiche eingeteilt, die die Titel „Die Herausforderung", „Waffenbrüderschaft", „Das Neue Reich" und „das Alte Reich" tragen. „Die Herausforderung" zeigt Szenen aus der Zeit vor dem deutsch-französischen Konflikt, „Waffenbrüderschaft" stellt die Verbrüderung der nord- und süddeutschen Staaten im Kampf gegen Frankreich dar. „Das Neue Reich" zeigt die Gründung des Neuen Reiches nach dem Sieg über Frankreich, „Das Alte Reich" ist ein Rückgriff auf die Zeit Kaiser Barbarossas, dessen altes Reich nun durch die Neugründung des neuen Reiches wiederaufersteht.

Während in den Bildern der Siegessäule, sei es in den Bronzefriesen oder auch im Mosaik, Bilder von Männern überwiegen, wird die Säule doch durch die Frauendarstellung auf der Spitze geprägt. Bekrönt wird das Denkmal durch eine vergoldete Frauengestalt, der Viktoria, die Siegesgöttin der römischen Mythologie.

Die hohe Bedeutung als Nationaldenkmal, die die Siegessäule durch ihre Repräsentation mehrerer großer deutscher Schlachten erlangte, hielt die Nationalsozialisten 1938/39 nicht ab, die Säule zu versetzen. Sie stand

Abb. 7: Siegessäule und Großer Stern

davon den Plänen Albert Speers im Weg, der im Zuge des monumentalen Germania-Projektes den Bau der „Großen Halle" anstelle der Siegssäule anstrebte.

So wurde die Säule an ihre heutige Stelle, den Großen Stern, auch damals schon Zentrum des Tiergartens, versetzt. Hierbei wurde sie um eine Trommel erweitert, so dass sie nun statt früher 60,5 Meter 67 Meter Höhe misst. Angeblich soll Hitler selbst die Anweisung gegeben haben, diese Trommel einzufügen, vielleicht zur Symbolisierung eines erneuten Sieges über Frankreich. Allerdings sind die an dieser Trommel angebrachten Kanonen im Gegensatz zu den älteren nicht echt. Der Große Stern wurde beim Wiederaufbau der Säule verbreitert auf heute 200 Meter Durchmesser[18] (siehe Abb. 7[19]). Der Große Stern ist ein Überbleibsel des barocken Tiergartens. Er ist ein groß angelegter Kreisverkehr, von dem aus zu fünf Seiten hin mehrspurige Straßen ausstrahlen.

Den 2. Weltkrieg überstand das Denkmal unbeschadet, jedoch war zeitweise die Sprengung des Säule in der Diskussion. Die nach dem Krieg verschwundenen drei der vier Bronzefriese kamen erst 1987 wieder nach Berlin zurück.

3.2.2 frühere Funktion und geplante Repräsentativität

Folgende Übersicht zeigt die geplante Funktion und Repräsentativität der Säule vom Zeitpunkt ihrer Entstehung bis heute:

	Symbolik/Anlass	Äußere Merkmale an der Säule
1864-1866	Deutsch-Dänischer Krieg 1864	Trommel mit vergoldeten dänischen Beutekanonen. Erstürmung der Düppelner Schanzen im 1. Bronzerelief.
1866-1870	Deutscher Krieg zwischen Preußen und Österreich 1866	Trommel mit vergoldeten österreichischen Beutekanonen. Ordensempfang durch den Kronprinzen Friedrich von Preußen im 2. Bronzerelief.
1870-1938/39	Deutsch-Französischer Krieg 1870/71	Trommel mit vergoldeten französischen Beutekanonen. Kapitulation der französischen Armee auf dem 3. Bronzerelief. Nahezu das komplette Mosaik beschäftigt sich mit diesem Krieg.
1939-heute	Umbau des Platzes der Republik durch Albert Speer	Zusätzliche Trommel und vergrößerter Sockel.

3.2.3 heutige Funktion und symbolische Bedeutung

Nach einer Studie der Universität zu Kiel hat die Siegessäule bei den Westberlinern in der Zeit nach 1945 einen konstanten Bedeutungszuwachs zu verzeichnen, wohingegen die Bedeutung des Ensembles im Ansehen der Ostberliner zu DDR-Zeiten deutlich abnimmt, sich jedoch heute dem Niveau der Westberliner annährt[20].

---

[18] http://www.berlinstreet.de/orte/siegessaeule.shtml
[19] http://www.fotoflugzeug.de/luftbild_grosser_stern_berlin.htm
[20] Newig

Dies hängt mit dem Systemwechsel in Ostberlin zusammen, die Teilung Berlins verhinderte eine Identifikation aller Bürger Berlins mit einem Wahrzeichen, das auf dem Boden des Klassenfeindes stand. Der Umfrage nach fällt auf, dass *„die jeweilige Bevölkerungsgruppe die Wahrzeichen auf ihrem Terrain mit erhöhter Aufmerksamkeit bedenkt[21] “*.

Nach Aufhebung der teilungsbedingten Unterschiede in den Präferenzen der Bürger für ein Symbol ist die Siegessäule nun als ein Wahrzeichen zu sehen, das einen anhaltenden Bedeutungszuwachs erfährt. Zudem war sie in der Hochzeit der Loveparade 1996-2003 Platz der großen Abschlusskundgebung, ein Symbol des Friedens demnach. Sie gilt zudem als einer der beliebtesten Aussichtstürme der Stadt[22].

Zudem ist die Siegessäule mittlerweile Namensgeberin für ein kostenloses Berliner Schwulen- und Lesbenmagazin, was zeigt, dass die Säule in den Augen der Berliner ihren kriegerischen Charakter, der ihr vor allem in der Entstehungsphase und nach dem 2. Weltkrieg anhaftete, weitestgehend verloren zu haben scheint.

3.3 Der Tiergarten

3.3.1 physische Entstehung und Restaurierungsphasen

Der Berliner Tiergarten (siehe Abb. 8[23]) wurde 1527 angelegt, und zwar als Jagdrevier für die damalige Herrscherfamilie. Als solches diente er auch, bis im Jahr 1742 König Friedrich II. den Tiergarten in einen Lustgarten umwandelte, da der König an der Jagd kein Interesse hatte.

Die wirklich nachhaltige Umwandlung des Tiergartens in einen Volkspark erfolgte in den Jahren 1833-1840 durch den Landschaftsgärtner Peter Joseph Lenné. Dieser installierte ein neues Wegenetz, änderte das

Abb. 8: Plan des Berliner Tiergartens

Pflanzenbild durch Rodungen und Baumpflanzungen und legte Wasserläufe und Teiche an. Im Wesentlichen blieb dieser Volkspark, der im Sinne englischer Gartenkunst gestaltet war, bis 1945 bestehen[24].

Im 2. Weltkrieg war der Tiergarten durch Bombeneinschläge verwüstet worden, hinzukam, dass in den Jahren 1945/46 die verbliebenen Bäume augrund der Energieknappheit in Berlin verheizt wurden[25].

---

[21] Newig
[22] http://www.berlinstreet.de/orte/siegessaeule.shtml
[23] http://www.stadtentwicklung.berlin.de/umwelt/stadtgruen/gruenanlagen/de/
gruenanlagen_plaetze/grosser_tiergarten/index.shtml
[24] http://de.wikipedia.org/wiki/Gro%C3%9Fer_Tiergarten

Ab 1949 wurde der Tiergarten auf drängen des Bürgermeisters Ernst Reuter wieder aufgeforstet. Ohne die vielen

tausend Baumspenden aus der Bundesrepublik wäre die Aufforstung nicht möglich gewesen. Außerdem wurden in dieser Zeit auch die Wege neu festgelegt, insgesamt zählen sie zusammen etwa 25km[26].

Seit diesem Umbau ab 1949 hat sich der Park nicht wesentlich verändert.

3.3.2 frühere Funktion und geplante Repräsentativität

Folgende Übersicht zeigt die geplante Funktion und, sofern vorhanden, die Repräsentativität des Tiergartens:

	Anlass	Geplante Symbolik und Funktion
1527-1742	Forderung der Herrscherfamilie nach einem Wildgehege zur Jagd	Anlegung des Tiergartens als Jagdrevier, Nutzung ausschließlich durch den König zur Jagd.
1742-1833	König Friedrich II. bekundet wenig Interesse an der Jagd, es folgt die Umwandlung des Tiergartens in einen Lustgarten.	Erholungsmöglichkeit für den König, reines Objekt der Außendarstellung des Königs. Lustgärten waren in den Königshäusern der Welt weit verbreitete Objekte.
1833-1945	Umbau des Tiergartens in einen für alle Bürger geöffneten Volkspark durch Peter Joseph Lenné.	Nutzung als Naherholungsgebiet durch die gesamte Bevölkerung. Zum Ende des Krieges hin Nutzung als Obst- und Gemüsegarten zur Versorgung der hungernden Bevölkerung.
1945-heute	Der 2. Weltkrieg hatte den Tiergarten stark beschädigt, Abholzung verstärkte die Schäden. Ab 1949 verstärkte Wiederaufforstung durch Bürgermeister Ernst Reuter.	Zum Ende des Krieges hin Nutzung als Obst- und Gemüsegarten zur Versorgung der hungernden Bevölkerung. Abholzung des Tiergartens, um das Holz als Brennstoff zu nutzen. Durch den Import vieler Jungbäume aus der Bundesrepublik erfolgte ab 1949 die Aufforstung des Tiergartens. In der Zeit der Teilung Deutschlands war die naturnahe Parklandschaft mit den zahlreichen Wiesen und kleinen Wasserteichen ein wichtiges Naherholungsgebiet für die eingeschlossenen Bürger.

3.3.3 heutige Funktion und symbolische Bedeutung

---

[25] http://de.wikipedia.org/wiki/Gro%C3%9Fer_Tiergarten
[26] Baedeker, Verlag (2001): *Baedeker Berlin – Stadtführer von Karl Baedeker.* Karl Baedeker GmbH, Ostfildern-Kemnath und München. S. 86

Heute hat der mittlerweile 210ha umfassende Tiergarten eine Vielzahl verschiedener Funktionen. Die zahlreichen Wege laden zum Spazieren gehen ein, Spiel- und Liegewiesen werden vor allem von jüngeren Leuten in der Freizeit genutzt. Radewege nehmen auf die Bedürfnisse von Radfahrern und Inline-Skatern Rücksicht, ebenso sind Ballspiel- und Kinderspielplätze vorhanden. Es gibt Grillflächen und Gastronomiebereiche, auch ein Bootsverleih ist dort ansässig[27]. Somit weist der Tiergarten eines der komplexesten Freizeit- und Erholungsangebote in ganz Berlin auf, was gerade für jüngere Leute oder den Tourismus äußerst interessant ist.

Große Bekanntheit hat der Tiergarten über die Grenzen der Bundesrepublik hinaus durch die zwischen 1996-2003 jährlich statt findende Love Parade gewonnen, der größten Techno-Party der Welt.

Gleichzeitig erfüllt der Tiergarten aber auch die ökologische Funktion der „Grünen Lunge" der Stadt Berlin, der Tiergarten ist sozusagen der Katalysator der umliegenden sehr verkehrsreichen Straßen.

Außerdem ist der Tiergarten offizielles Gartendenkmal. Seit knapp 500 Jahren ist er untrennbar mit der Berliner Stadtentwicklung verbunden und steht nun als geschützte, historische Grünanlage auch unter behördlichem Schutz.

3.4 Brandenburger Tor

3.4.1 physische Entstehung und Restaurierungsphasen

Das Brandenburger Tor (siehe Abb. 9[28]) wird als das wichtigste Berliner Wahrzeichen angesehen. Es ist ein 26 m hoher, 65,5 m breiter und 11 m tiefer frühklassizistischer Sandsteinbau. Im Aufbau ist es vor allem bedingt durch die die Flügelbauten, die das Tor flankieren, an die Akropolis in Griechenland angelehnt. Das Tor hat fünf Durchfahrten, von denen die mittlere etwas breiter ist. Die Durchfahrten werden durch Querwände getrennt, vor die auf beiden Seiten sechs 14 Meter hohe Säulen treten, deren Basis 1,75 Meter breit ist. Die Säulen sind dorisch, jedoch nicht in Reinform, da sie schmaler und

Abb. 9: Das Brandenburger Tor

länger sind, als es die traditionelle Maßordnung vorschreibt. Die Innenseiten der Durchfahrten sind mit Reliefs bedeckt, die Szenen aus der griechischen Mythologie darstellen. 1868 wurden dem Tor zu beiden Seiten die niedrigeren offenen Säulenhallen angefügt. Gekrönt wird das Tor durch eine etwa 5 m hohe kupferne Skulptur, die Quadriga. Diese stellt die geflügelte Siegesgöttin dar, die einen von vier Pferden gezogenen Wagen lenkt.

---

[27] http://www.stadtentwicklung.berlin.de/umwelt/stadtgruen/gruenanlagen/de/gruenanlagen_plaetze/grosser_tiergarten/index.shtml#tabelle
[28] http://de.wikipedia.org/wiki/Bild:Berlin-brandenburg-gate.jpg

Das Tor war ursprünglich eines von vielen Toren in der Berliner Stadtmauer und wurde 1734 errichtet. Von 1788-1791 wurde von Carl Gotthard Langhans im frühklassizistischen Stil neu errichtet. 1793 wurde dem Tor die Quadriga, damals noch mit der Friedensgöttin Eirene im Wagen, aufgesetzt. Diese wurde 1806 von Napoleon als Beutegut nach Frankreich verschleppt, jedoch 1814, nach der Entmachtung Napoleons, wieder nach Berlin zurück gebracht und hier restauriert.

Hier wurde dem von einem preußischen gekrönten Adler besetzten Eichenkranz am Stab der Göttin ein neues Machtsymbol, ein Eisernes Kreuz, hinzugefügt, was zur Umdeutung der Göttin Eirene in die Siegesgöttin Victoria führte.

In diesem Zustand blieben die Quadriga und das Brandenburger Tor bis sie im zweiten Weltkrieg schwer beschädigt wurden.

Von der Original-Quadriga konnte nur der Pferdekopf wieder verwendet werden, der Rest wurde rekonstruiert. Erst 1956 einigten sich die Besatzungsmächte auf den Wiederaufbau des einzigen noch verbliebenen Berliner Stadttores, der Wiederaufbau war 1957 abgeschlossen. Jedoch wurden das Eiserne Kreuz und der Adler als Zeichen des preußischen Militarismus entfernt.

Lange konnten sich die Berliner Bürger aber nicht an ihrem restaurierten Wahrzeichen erfreuen, denn der Bau der Berliner Mauer 1961 isolierte das Bauwerk. Denn von da an stand es mitten im Speergebiet und war nur von den ostdeutschen Grenzern begehbar.

Nach der Wiedervereinigung und den exzessiven Silvesterfeierlichkeiten 1989/90 musste die Quadriga bis 1991 erneut umfassend restauriert werden, sie bekam hier ihr Eisernes Kreuz zurück. Auch das restliche Bauwerk wurde umfassend erneuert, so dass es pünktlich zum Tag der Deutschen Einheit am 03.10.2002 vollständig saniert war.

3.4.2 frühere Funktion und geplante Repräsentativität

Folgende Übersicht zeigt die geplante Funktion und Repräsentativität des Brandenburger Tores bis heute:

	Anlass	Geplante Symbolik und Funktion
1734-1788	Erbauung als Teil der Stadtmauer	Funktion als Stadttor ohne besondere Symbolik.
1788-1791	Äußere Schäden am Tor, deswegen erfolgte eine Sanierung durch Carl Gotthard Langhans.	Das Tor hat immer noch nur die Funktion als Stadttor inne.
1792-1814	Niederlage im Krieg gegen Napoleon.	1793 wird dem Tor die Quadriga aufgesetzt und gibt ihm somit den Status der Einzigartigkeit. Dieser Bedeutungszuwachs ist wohl dafür verantwortlich, dass Napoleon die Quadriga 1806 als Beutegut nach Frankreich verschleppt. Nach dessen Entmachtung 1814 kehrt die Quadriga wieder nach

1814-1945	Rückgewinn der Quadriga von Frankreich.	Deutschland zurück. Bei der erneuten Restaurierung der Quadriga wird das Machtsymbol des Eisernen Kreuzes (unterhalb des preußischen Adlers) hinzugefügt, was zur Umdeutung der Statue in die Siegesgöttin Victoria führt. Somit ist das Tor nun mehr als je zuvor ein Macht- und Militarismussymbol des deutschen Volkes geworden. In dieser Form hat es Bestand, bis das Tor im 2. Weltkrieg schwer beschädigt wird.
1945-1989	Uneinigkeit der Alliierten und Teilung Deutschlands	Erst im Jahr 1956 könnten sich die Alliierten über einen Wiederaufbau des Tores einigen, das im Krieg schwere Schäden davon getragen hatte. Symbolisch auch, dass bei der Restauration das Eiserne Kreuz und der preußische Adler als Zeichen des Militarismus und der Stärke Deutschlands entfernt wurden[29]. Bereits kurz nach der Restauration teilte die Mauer das Bauwerk von der Bevölkerung ab. Durch die Lage im militärischen Sperrgebiet was er nur für ostdeutsche Grenzbeamte begehbar. Es wurde so zum Symbol des geteilten Deutschlands, zum Symbol einer geteilten Nation.
1989-heute	Wiedervereinigung Deutschlands	Durch die Feiern der gemeinsamen Silvesternacht 1989/1990 war das Tor schwer beschädigt worden und musste bis ins Jahr 2002 umfassend saniert werden. Hier bekam es das Eiserne Kreuz zurück, das man als Symbol für die wieder erstarkte Nation deuten kann.

3.4.3 heutige Funktion und symbolische Bedeutung

Heute ist das Tor, fast in der Mitte der betrachteten Achse gelegen, dass bedeutendste Wahrzeichen Berlins, möglicherweise sogar ganz Deutschlands. Gleichzeitig die Einigkeit und Teilung Deutschlands symbolisierend, hat es so den Weg auf die 10, 20 und 50 Cent Münzen des Euro gefunden.

Das Brandenburger Tor ist ein Symbol, dem nach einer Phase des Abstieges, bedingt durch die Teilung Deutschlands und der damit verbundenen Grenzlage des Wahrzeichens, nun ein sehr hohen Bedeutungsanstieg in der Bevölkerung widerfahren ist. Mittlerweile liegt es in den Augen der Berliner so deutlich an erster Stelle, dass es als ein „Primat-Wahrzeichen" bezeichnet werden kann[30]. Seine

---

[29] Engel, Helmut und Ribbe, Wolfgang (1993): *Hauptstadt Berlin – Wohin mit der Mitte?* Akademieverlag, Berlin. S. 101f

[30] Newig, Jürgen (2004): Städtische Wahrzeichen als territoriale Symbole – raumzeitliche Manifestationen der Identitätsbedürfnisse von Gruppen. Universität Kiel, unveröffentlicht. S. 12

exponierte Lage wird noch dadurch betont, dass der Berliner Senat trotz langer Diskussionen die Freigabe des Tores für den Verkehr untersagt hat. Selbst für öffentliche Verkehrsmittel ist das Tor gesperrt. Ebenso intensiv wurde die Diskussion über den Erhalt oder die Entfernung des Eisernen Kreuzes und des preußischen Adlers geführt[31], was die symbolische Bedeutung dieses Bauwerkes noch weiter betont. Der Erhalt der beiden Symbole spricht für das neue Bewusstsein des deutschen Volkes nach der Wende. Nach Engel/Ribbe sollte man die deutsche Vergangenheit nicht durch die Entfernung von Monumentsteilen nachträglich negieren, sondern eher in einen konstruktiven Aufklärungsdialog einsteigen.

Eine wirkliche praktische Funktion, wie z. B. der Reichstag als politisches Zentrum, hat das Brandenburger Tor nicht mehr inne. In unmittelbarer Nähe zum Reichstag gelegen, ist es auch Symbol der politischen Souveränität Deutschlands nach der Wiedervereinigung und dem schrittweisen Abzug der noch stationierten alliierten Truppen.

3.5 Berliner Maurer

3.5.1 physische Entstehung und Restaurierungsphasen

Die Berliner Mauer (in Folge der politischen Rivalität von Ost- und Westmächten auch „Eiserner Vorhang" genannt) entstand in der Nacht vom 12. auf den 13. August 1961 auf Bestreben der DDR-Regierung, um den anhaltenden Flüchtlingsstrom aus Ostdeutschland, der überwiegend über Berlin verlief, zu unterbrechen. Auf einer Länge von 45 Kilometern[32] (insgesamt umfasste die Mauer etwa 176 Kilometer) trennte nun die Mauer die beiden Teile Berlins (siehe Abb.

Abb. 10: Die Berliner Mauer 1986

10[33]). Die Mauer wurde über weite Strecken mit umfangreichen Überwachungssystemen wie Stacheldrahthindernissen, Gräben, Panzerhindernissen, Kontrollwegen und Postentürmen ausgestattet, um eine Flucht nahezu unmöglich zu machen. An ihrer breitesten Stelle maß die Mauer etwa 500 Meter (Höhe Potsdamer Platz), andernorts nur 30 Meter.

Bei den Abwanderern handelte es sich überwiegend um gut ausgebildete junge Menschen, somit gefährdete ein anhaltender Aderlass den Fortbestand der ostdeutschen Wirtschaft[34]. Nur noch in Ausnahmefällen war es den DDR Bürgern fortan möglich, Verwandtschaft in Westberlin zu besuchen,

---

[31] Engel, Helmut und Ribbe, Wolfgang (1993): *Hauptstadt Berlin – Wohin mit der Mitte?* Akademieverlag, Berlin. S. 101f
[32] Koziol, Christian und Wetzlaugk, Udo (1984): *Berlin im Überblick.* Informationszentrum Berlin. Cornelsen-Velhagen &Klasing, Berlin. S. 41
[33] http://de.wikipedia.org/wiki/Bild:Berlin_Wall_graffiti%26death_strip.jpg
[34] http://de.wikipedia.org/wiki/Berliner_Mauer

die Trennung des Osten Deutschlands von der Bundesrepublik hatte schon seit dem 01.06.1952 bestand (Mauerverlauf siehe Abb. 11[35]).

Erst Anfang der 70er Jahre wurden die Ausreisebedingungen aus der DDR etwas gelockert, eine Phase der Annäherung erhöhte die Durchlässigkeit der Berliner Mauer.

Ihr Ende fand die Berliner Mauer nach über 28 Jahren in der Nacht vom Donnerstag, dem 9. November, zum 10. November 1989. Massenkundgebungen und Forderungen nach Reisefreiheit sowie eine anhaltende Republikflucht über das Ausland in die Bundesrepublik setzen die Politik massiv unter Druck.

In Folge einer fehlerhaften Pressemitteilung Günther Schabowskis, dass die Ausreise aus der DDR nun uneingeschränkt möglich sei, stürmten Tausende zu den Grenzübergängen, die unter dem Druck der Bevölkerung geöffnet wurden; die Abschottung Ostdeutschlands gegenüber dem Westen war somit beendet.

Abb. 11: Verlauf der Berliner Mauer im betrachteten Achsenmodell

3.5.2 frühere Funktion und geplante Repräsentativität

	Anlass	Geplante Symbolik und Funktion
12./13.08.1961	Abwanderung benötigter Arbeitskräfte. Möglicherweise auch Ergebnis des Kalten Krieges zwischen dem sozialistisch regierten Osten Europas und den Alliierten West-Mächten.	Eigentliche Funktion der Mauer war die Verhinderung des Flüchtlingsstromes aus der DDR in den Westen. Dies erfolgte zumeist über Berlin. Eventuell sollte die Mauer auch endgültiges Zeichen der politischen Abspaltung Ostdeutschlands vom demokratischen Westen sein. Außerdem begründete die offizielle Erklärung der DDR-Propaganda den Mauerbau mit der zunehmenden Spionage, Schmuggel, Ausverkauf und Aggression aus

---

[35] Diercke (1974): *Weltatlas*. Georg Westermann Verlag, Braunschweig. S. 13

		dem Westen, und bezeichnet diese als „antifaschistischen Schutzwall[36]". Bis ins Jahr 1989 war die Mauer nun Symbol für die Teilung zweier politischer Ideologien, die Demokratie und den Sozialismus. Gleichzeitig stellt die die institutionelle Teilung des deutschen Volkes baulich dar.
Ab 1989 bis heute	Wachsender Druck durch die DDR-Bevölkerung auf die Regierung, die Ausreisebestimmungen zu lockern, Massenkundgebungen und anhaltende Auswanderung über Drittländer. Außerdem auch: Missachtung von Bürgerrechten (z. B. Meinungsfreiheit), Stasispitzeltum, Wahlfälschungen, Krise der Planwirtschaft.	Nach der endgültigen Wiedervereinigung am 03.10.1990 wird die Mauer nach und nach abgerissen, sie ist begehrtes Souvenir unter den Bürgern. Einige Teile bleiben als mahnendes Denkmal stehen, und erinnern an die Zeit der deutschen Teilung. Die Mauer hat in Folge der politischen Entwicklung ihre Funktion als unüberwindbare Trennlinie zwischen Ost und West verloren, ist nun ein Wahrzeichen, das an die geschichtliche Entwicklung nach dem 2. Weltkrieg erinnert.

3.5.3 heutige Funktion und symbolische Bedeutung

Heute ist die Berliner Mauer nahezu komplett aus dem Berliner Stadtbild verschwunden, von den einst 320 Grenztürmen wurden fünf erhalten, sie dienen heute teilweise als Museen oder als Anschauungsobjekte.

Viel interessanter gestaltet sich die Frage danach, welche Nachwirkungen die 28 Jahre der Teilung Deutschlands durch die Mauer haben (siehe Abb. 12[37]).

„Untersuchungen [...] zeigen, dass die „Mauer in den Köpfen" noch präsent ist."[38]

André Müller/Stefan Schmitz

„Die eigene Stadthälfte wird [...] von vielen Berlinern bevorzugt."[39]

Joachim Schreiner

Die von Müller/Schmitz angesprochene Mauer[40] hat sich nach dem Fall der eigentlichen Mauer dort etabliert, und ist möglicherweise eine Konsequenz des jahrelangen Getrenntlebens einer Nation, was

---

[36] http://de.wikipedia.org/wiki/Berliner_Mauer
[37] http://www.hdg.de/karikatur/view/karikaturen.html
[38] Müller, André und Schmitz, Stefan (2001): Berlin – *Das Werden der Hauptstadt*. In: *Metropolen*. Praxis Geographie. Oktober 10/2001. S. 18
[39] Schreiner, Joachim (1999): *Gibt es die Mauer in den Köpfen?* In: *Berlin-Brandenburg*. Geographie heute. Heft 170/Mai 1999. S. 37
[40] http://rcswww.urz.tu-dresden.de/~berth/daw/kulturschock.html

mit einer möglichen Entfremdung einhergegangen sein könnte. Die unterschiedlichen Entwicklungen auf gesellschaftlicher Ebene in beiden Teilen Deutschlands war schlicht und einfach sehr unterschiedlich (eine Auflistung geben Wagner/Berth hier: http://rcswww.urz.tu-dresden.de/~berth/daw/kulturschock.html)

Abb. 12: Die Mauer in den Köpfen

Laut einer Forsa-Umfrage wünschen sich 21% der Deutschen die Mauer wieder zurück[41]. Eine gewisse Wehmütigkeit an die Zeit der deutschen Teilung, in der alles sicher zu sein schien (vor allem der eigene Arbeitsplatz), scheint hierfür verantwortlich zu sein und die Bedeutung der Mauer als Symbol im Nachhinein zu verstärken.

Jedoch scheint dies auch eine Folge der gesamtwirtschaftlich gesehen momentan schlechten Entwicklung Gesamtdeutschlands, speziell Ostdeutschlands, zu sein[42].

Insgesamt ist die Funktion der Berliner Mauer als real existierende Trennung einer Nation abgelöst worden durch eine fiktional in den Köpfen der Menschen existierende Mauer. Diese abzubauen wird ein sogar in den Parteiprogrammen manifestiertes Ziel der Politik sein müssen.

3.6 Reichstagsgebäude

3.6.1 physische Entstehung und Restaurierungsphasen

Bereits am 19.04.1871 beschloss der Deutsche Reichstag den Bau des Reichstagsgebäudes (siehe Abb. 13[43]), jedoch konnte erst im Jahr 1884 mit dem Bau an der Ostseite des Königsplatzes begonnen werden, da ungeklärte Besitzverhältnisse die Bestimmung des Bauplatzes erschwerten.

Der Frankfurter Paul Wallot gewann den ausgeschriebenen Architektenwettbewerb um die Gestaltung des Reichstages und am

Abb. 13: Der deutsche Reichstag

09.06.1884 konnte die feierliche Grundsteinlegung erfolgen. Nach zehnjähriger Bauzeit wurde das Gebäude am 05.12.1894 feierlich übergeben.

---

[41] http://www.freenet.de/freenet/nachrichten/kontrovers/schwerpunkte/deutsche_einheit/mauer
[42] http://www.ndrinfo.de/ndrinfo_pages_std/0,2758,OID693146_REF50,00.html
[43] http://nora.embl-heidelberg.de/gallery/Berlin2003/Reichstag

Das Gebäude ist im Stil des Eklektizismus[44] erbaut, wobei die italienische Hochrenaissance besonders vertreten wird. Wallot wandte also diesen Stil auf Deutschland an, indem er regionale Baustile der deutschen Staaten, Schriften, Schmucktafeln und Figuren der deutschen Kulturkreise einfließen ließ und somit ein gewisses Zusammengehörigkeitsgefühl der deutschen Länder in den Bau einfließen ließ.

Die Krönung des Gebäudes selber war die 75 Meter hoch ragende Kuppel, die allerdings kein Symbol der Renaissance, sondern des technischen Fortschritts Deutschlands war. Sie war ganz aus Stahl und Glas und für ihre Zeit eine technische Meisterleistung. Der Innenraum der Kuppel hatte keine spezielle Funktion, vielmehr versorgte er den Plenarsaal mit natürlichem Licht und gab dem deutschen Parlamentsgebäude so einen würdigen Abschluss.

Am 27. Februar 1933 wurde im Plenarsaal des Reichstagsgebäudes Feuer gelegt, er brannte völlig aus. In der Folge konnten die Nationalsozialisten den Reichstagspräsidenten überzeugen, einen Großteil der Grundrechte außer Kraft zu setzen, in dem sie aus dem Reichtagsbrand einen Umsturzversuch der Kommunisten und eine unmittelbare Bürgerkriegsgefahr ableiteten.

Das Gebäude selber wurde nur äußerlich in Stand gesetzt und sollte auf persönlichen Wunsch Hitlers auch in das Regierungsviertel der „Welthauptstadt Germania" mit einbezogen werden, also der puren Propaganda des NS-Regimes dienen.

Im Mai 1945 wurde das Gebäude durch sowjetische Soldaten erobert, da sie es für ein Schlüsselsymbol des 3. Reiches hielten, wurde es stark beschossen. Nach dem Reichstagsbrand und eben diesen Beschüssen war das Gebäude entsprechend schwer beschädigt.

Die wurde am 22. November 1954 zur Entlastung des restlichen Gebäudes und wegen angeblicher statischer Unsicherheit gesprengt. Die Notwendigkeit dieser Maßnahme wird in der Fachliteratur zuweilen bezweifelt und man kann annehmen, dass die Sprengung möglicherweise auch eine Machtdemonstration sein sollte. Eventuell wurde dieses Symbol der Stärke des Vorkriegsdeutschlands auf Druck der Alliierten gesprengt.

In den folgenden Jahren wurde das Gebäude, das unter die Obhut der neu gegründeten Bundesbauverwaltung gestellt worden war, zunächst gesichert und die Fassade in vereinfachter Form wiederhergestellt.

Der in den Jahren 1958 bis 1971 durchgeführte Wiederaufbau zerstörte die historische Identität des Gebäudes, in dem sämtliche Stuckaturen und verbliebene Holztäfelungen, Türen etc. zerstört wurden und das Gebäude in veränderter Raumfolge gegliedert wurde. Der neu entstandene Plenarsaal war dreimal so groß wie der alte und selbst für ein gesamtdeutsches Parlament zu groß, was für reichlich Diskussion auch innerhalb der Bevölkerung sorgte. Man kann sagen, dass sich der Reichstag in gewissem Maße dem allgemeinen Baustil Berlins in dieser Zeit anpasste, der die historische Bausubstanz oftmals zerstörte und durch modernere Stile ersetzte.

---

[44] Eklektizismus ist ein Baustil, der Elemente früherer Epochen herausgreift und aus ihrem ästhetischen, sozialen und funktionalen Kontext gelöst auf den bloßen Dekorationswert reduziert.

Als Deutschland zwischen 1961 und 1989 geteilt war, verlief die Berliner Mauer direkt an der Ostseite des Gebäudes entlang, eine Nutzung durch den Bundestag war durch die nicht gerade ideale Lage und aufgrund von Verträgen mit den Siegermächten nicht möglich.

Am 20.06.1991 beschloss der gesamtdeutsche Bundestag nach der Wiedervereinigung in einer ausführlichen Debatte den Umzug von Bonn nach Berlin und somit die Nutzung des Reichstagsgebäudes als Regierungssitz.

Sein heutiges Äußeres erhielt der Reichstag schließlich durch den Bau der Glaskuppel (die allerdings im Vergleich zu der ursprünglichen Kuppel mit 47 Metern Höhe gut 28 Meter kleiner ist[45]) und den Umbau der Innenräume, nach Entwürfen des Architekten Sir Norman Foster in den Jahren 1995-1999. Somit war das Reichstagsgebäude seit Ende 1999 voll als Regierungssitz nutzbar.

3.6.2 frühere Funktion und geplante Repräsentativität

Folgende Übersicht zeigt die geplante Funktion und Repräsentativität des Reichstagsgebäudes in seiner wechselvollen Geschichte:

	Anlass	Geplante Symbolik und Funktion
1894-1933	Es wurde ein angemessenes Gebäude für das Parlament, in dem Vertreter aller deutschen Kleinstaaten saßen, benötigt.	Dadurch, dass das Gebäude nach den Regeln des Eklektizismus erbaut wurde, wurden alle regionalen Baustile der deutschen Staaten, Schriften, Schmucktafeln und Figuren der deutschen Kulturkreise berücksichtigt. Wallot erschuf dadurch ein Gebäude, das die Souveränität der Deutschen Kleinstaaten betont, aber trotzdem auch vereint und so gewissermaßen künstlerisch eine Legitimität für den deutschen Staat schafft. Die Kuppel war mit ihrer Glas- und Stahlkonstruktion allerdings kein politisches, sondern ein Symbol des großen technischen Fortschritt Deutschlands. 1918 verstärkte sich die politische Symbolik des Gebäudes noch mehr, als Philipp Scheidemann von einem Fenster aus die Republik ausrief und damit die Monarchie für beendet erklärte.
1933-1945	Das Gebäude wurde durch den Reichstagsbrand 1933 und den zweiten Weltkrieg bis 1945 stark beschädigt. Es ergab sich dadurch ein Funktionswechsel des Gebäudes.	Nach dem verheerenden Feuer 1933 musste das Parlament in die gegenüber liegende Krolloper umziehen, da die Innenräume nicht mehr zu nutzen waren. Das Gebäude wurde äußerlich wieder hergestellt (um den Schein der perfekten Stadt zu wahren) und sollte auf Hitlers Wunsch auch eine Rolle in den Planungen zur „Welthauptstadt Germania" spielen. Während des Krieges waren im Gebäude Teile der Berliner Charité untergebracht.

---

[45] http://www.structurae.de/structures/data/index.cfm?id=s0004285

1945-1991	Wiederaufbau des Gebäudes nach Kriegsende	1954 erfolgte die Sprengung der Kuppel, angeblich, um das Restgebäude zu schützen. Vielleicht wollte man aber auch die Symbolik des technisch überlegenen Deutschlands durch die Vernichtung der Kuppel ebenfalls symbolisch zu Grabe tragen. 1971 war der Wiederaufbau durchgeführt, und von dem ursprünglichen Zustand der Innenräume nichts mehr übrig. Auch hier kann man diskutieren, ob dies im Zuge der Niederlage Deutschlands symbolischen Charakter haben sollte, da die Siegermächte durchaus Einfluss auf die Gestaltung des Reichstages nahmen. Während der Teilung Deutschlands konnte der Reichstag nur sporadisch für Sitzungen genutzt werden, parlamentarische Sitzungen waren in den Verträgen der Siegermächte verboten worden. Der Reichstag wurde darum als Museum über die Geschichte des deutschen Bundestages und des Reichstages selbst genutzt. Außerdem war im Gebäude die Ausstellung „Fragen an die deutsche Geschichte" beheimatet, die mehrere Millionen Besucher anlockte. Das Gebäude galt somit als Symbol für die Teilung Deutschlands, die Berliner Mauer verlief direkt an dessen Ostmauern entlang. Die eingeschränkte Nutzbarkeit und die Grenznähe offenbarten der Bevölkerung wie auch den Politikern jeden Tag aufs Neue die Situation des geteilten Deutschlands.
1991-heute	Beschluss des gesamtdeutschen Bundestages, von Bonn nach Berlin umzuziehen. Wahl des Reichstages als Tagungsort für das Parlament.	Die Wiedervereinigung und die kurz danach gefasste Entscheidung, Berlin zur Hauptstadt zu erklären, führten sowohl zu einem Funktions- als auch zu einem Symbolitätswechsel des Reichstages. Das gesamtdeutsche Parlament zog nach Berlin um und der Reichstag musste für die Aufgabe als Versammlungsort aufwendig restauriert werden. Diese Umbauten, die ab 1995 ausgeführt wurden, waren 1999 beendet und seitdem dient das Reichstagsgebäude dem Bundestag wieder als Versammlungsort. Gleichsam ist der Reichstag seitdem Symbol für den Zusammenschluss des einstmals geteilten Deutschlands. Generell hat der Reichstag nach einer Phase des Bedeutungsverlustes während der Teilung Deutschlands nun wieder einen erheblichen Bedeutungszuwachs erhalten, den sowohl die Bürger West-, wie auch die Bürger Ostberlins angeben[46].

---

[46] Newig, Jürgen (2004): Städtische Wahrzeichen als territoriale Symbole – raumzeitliche Manifestationen der Identitätsbedürfnisse von Gruppen. Universität Kiel, unveröffentlicht. S. 12

3.6.3 heutige Funktion und symbolische Bedeutung

Die heutige Funktion und symbolische Bedeutung des Reichstages ist eng mit der Wiedervereinigung 1990 verknüpft, ebenso mit der Entscheidung, Berlin zur Hauptstadt Gesamtdeutschlands zu machen und somit die Tagungen des Bundestages im Reichstag stattfinden zu lassen.

Dies ist auch der entscheidende Übergang vom städtischen Wahrzeichen mit sinkender Bedeutung hin zu einem Wahrzeichen, das zurzeit einem starken Bedeutungszuwachs unterliegt[47].

Der Reichstag ist vom Symbol des geteilten Deutschlands zu einem Symbol des wiedervereinigten Deutschlands geworden.

Er beherbergt weiterhin einen verkleinerten Museumsteil (größtenteils Stellwände), der sich mit der Geschichte des Reichstages in Bezug auf die deutsche Geschichte beschäftigt und somit aktive Vergangenheitsbewältigung betreibt.

Weiterhin bedeutsam war auch die Verhüllung des Reichstages durch das Künstlerpaar Christo und Jean-Claude, was weltweite Aufmerksamkeit erweckte.

Eine besondere Symbolik kommt auch der neu gestalteten gläsernen Kuppel zu. Die Transparenz, die durch das Glas symbolisch entsteht, macht das Geschehen im Parlament für jedermann einsehbar, und stellt nach dem Architekten der Kuppel, Norman Foster symbolisch die Beziehung zwischen Volk und Volksvertretern in der Demokratie dar. Jederzeit können die Menschen die Arbeit des Parlaments dort beobachten, die Kuppel symbolisiert das „gläserne Parlament"[48]. Gleichzeitig bildet sich durch diese Symbolik das Gegenstück zu Wallots ursprünglichem Kuppelentwurf und markiert somit einen Neuanfang in der deutschen Politik[49].

3.7 Alexanderplatz

3.7.1 physische Entstehung und Restaurierungsphasen

„Der Alexanderplatz ist der zentrale Platz und Verkehrsknotenpunkt der östlichen Stadthälfte Berlins. Er liegt im Bezirk Mitte und wird im Berliner Volksmund kurz „Alex" genannt.
　　　　　　　　　　　　　　　　　　　　　　　Wikipedia Enzyklopädie[50]

Ursprünglich hat der Alexanderplatz bis zum 18. Jahrhundert als Viehmarkt gedient, ab dem späten 18. Jahrhundert wurde er als Exerzierplatz genutzt. Den Namen Alexanderplatz trägt der Ort seit dem Besuch des Zar Alexander I. am 25.10.1805 in Berlin.

Gegen Ende des 19. Jahrhunderts entwickelte sich der Platz durch den Bau des Bahnhofs zu einem Verkehrsknotenpunkt, heute laufen hier diverse U- und S-Bahn Linien entlang, mehrere viel befahrene Straßen kreuzen sich hier.

---

[47] Newig, Jürgen (2004): *Städtische Wahrzeichen als territoriale Symbole – raumzeitliche Manifestationen der Identitätsbedürfnisse von Gruppen.* Universität Kiel, unveröffentlicht. S. 12
[48] http://www.br-online.de/politik-wirtschaft/mittagsmagazin/dynamisch/specials/reichstag/reichstag.htm
[49] http://www.berlincompact.de/Reichstag/Textinfo.htm
[50] http://de.wikipedia.org/wiki/Alexanderplatz

Zu Beginn des 20. Jahrhunderts erreicht der Platz einen Höhepunkt in seiner wirtschaftlichen Bedeutung durch die Errichtung großer Kaufhäuser. Das legendäre Kaufhaus Tietz (später Hertie) wird 1904 von den Architekten Cremer und Wolfenstein gebaut und bis 1908 zweimal erweitert[51].

In den 20er Jahren wandelte sich der Platz außerdem zu einem „lebhaft pulsierenden Weltstadtplatz[52]“, gleichsam wurde hier der Umbau zum „Verkehrsplatz“[53] intensiviert.

Durch diverse Umbaumaßnahmen, vor allen in den Jahren 1930-1932, als man den Alexanderplatz zum Weltstadtplatz“ ausbauen wollte, wandelte er sein Gesicht ständig.

Wie so viele Gebäude und Plätze in Berlin ist auch der Alexanderplatz am Ende des zweiten Weltkrieges ein einziges großes Trümmerfeld. Im Zuge des Baus der Stalinallee ab 1950 (Jahr des Durchführungsbeschlusses) wird auch der Alexanderplatz im Stil der Plattenbauten umbaut.

Seine jetzige Gestalt erhielt der Platz in den Jahren 1967-1970, als er durch die Umgestaltung der Innenstadt Ostberlins das Zentrum der sozialistischen Hauptstadt wurde. Er ist nun wieder ein zentraler Punkt des Konsums in Berlin. Mit dem Kaufhaus „Zentrum“ steht hier das größte Kaufhaus der DDR, das „Interhotel“ und diverse andere hoch geschossige Bauten säumen den Platz.

Die Gestalt des Alexanderplatzes wird derzeit grundlegend verändert, Pläne des Bauamtes sehen verschiedene Umbauten vor (vor allem Banken drängen auf einen Bauplatz), die jedoch nicht vor dem Jahr 2013 abgeschlossen sein werden und teilweise auch erst in mehreren Jahren beginnen werden[54].

3.7.2 frühere Funktion und geplante Repräsentativität

Es folgt ein historischer Überblick über die frühere Funktion und die geplante Repräsentativität bzw. Symbolik des Alexanderplatzes:

	Funktion	Geplante Symbolik und Funktion
Bis Mitte 18. Jahrhundert	Viehmarkt/Wollmarkt	Zentraler Umschlagplatz für Vieh, Treffpunkt der handelnden Zunft und somit ein Wirtschaftszentrum
Ca. 1750-Ende 19. Jahrhundert	Exerzierplatz	
1900-1930	Verkehrsknotenpunkt „pulsierender Weltstadtplatz[55]“	Der Alexanderplatz verliert von nun seine eigentliche Funktion als Exerzierplatz vollends durch Anbindung an S- und U-Bahn. In den 20er Jahren entwickelt sich der Platz zu einem lebhaften Mittelpunkt des Berliner Lebens.
1930-1945	Weltstadtplatz	Die Nationalsozialisten planten den Platz als Weltstadtplatz, eine repräsentative Erscheinung der Macht Deutschlands.

---

[51] http://alex.ais.fraunhofer.de/zeno/forum?action=editArticle&id=552&view=newWindow
[52] http://de.wikipedia.org/wiki/Alexanderplatz
[53] http://www.bund-berlin.de/index.php?id=214&type=10
[54] http://alex.ais.fraunhofer.de/zeno/forum;jsessionid=C95F5F083AD0DFB5830039A7C1F5D401?
action=editArticle&id=561&view=newWindow
[55] http://de.wikipedia.org/wiki/Alexanderplatz

| 1945-1989 | Konsummittelpunkt der DDR | Von den komplexen Plänen wurde nur ein Teil umgesetzt und der Platz im 2. Weltkrieg komplett zerstört. Ab 1950 erfolgt der systematische Wiederaufbau des Platzes, er wird ähnlich der Stalinallee, mit Plattenbauten umbaut. Ab 1970 ist er Zentrum des Berliner Konsums durch den Bau des größten Kaufhauses der DDR am Ort. |
| 1989-heute | Handelsplatz | Nach dem Fall der Mauer ist der Platz jetzt nur noch einer von vielen Konsumpunkten in der Hauptstadt Berlin. Seine Symbolik ist einem starken Wandel unterzogen, was im Folgenden beschrieben wird. |

3.7.3 heutige Funktion und symbolische Bedeutung

Der Alexanderplatz (siehe Abb. 14) hat in seiner langen Geschichte zwar vielfältige Wandlungen, sowohl die Funktion als auch die Art des Symbolcharakter betreffend, vollzogen, doch tat dies seiner großen symbolischen Bedeutung für die Bewohner Berlins nie einen Abbruch.

So hat der Platz in einer universitären Erhebung seit 1945 eine gleich bleibend hohe Bedeutung aufzuweisen[56].

Mit hierfür verantwortlich ist Alfred Döblins beliebter Roman „Berlin Alexanderplatz" aus dem Jahr 1929, der ein das Bild eines emotional tief mit

Abb. 14: Alexanderplatz

dem Alexanderplatz verbundenen Menschen nachzeichnet, der von diesem für ihn zentralen Platz nicht lassen kann, was ihm schließlich auch zum Verhängnis wird.

Dieses Verhältnis kann man auf die Berliner übertragen, die zu allen Zeiten ihrer wechselvollen Geschichte, sei es nun die Teilung Deutschlands oder auch die Wiedervereinigung, den Alexanderplatz vor Augen hatten, der die Geschichte ebenso wie sich überdauert hat, wenn auch mit sichtbaren baulichen Veränderungen. Der Platz stellt somit etwas dar, was schon immer da war und bei den Berlinern ein fest verankertes Symbol ist. Ein weiterer Hinweis für die hohe emotionale Bindung ist mit Anlehnung an den Artikel von Newig[57] die Tatsache, dass die Berliner den Alexanderplatz liebevoll „Alex" nennen, ein eindeutiges Zeichen für eine starke innere Verbindung zu diesem.

---

[56]Newig, Jürgen (2004): Städtische Wahrzeichen als territoriale Symbole – raumzeitliche Manifestationen der Identitätsbedürfnisse von Gruppen. Universität Kiel, unveröffentlicht. S. 11
[57]Newig, Jürgen (2004): Städtische Wahrzeichen als territoriale Symbole – raumzeitliche Manifestationen der Identitätsbedürfnisse von Gruppen. Universität Kiel, unveröffentlicht. S. 3

Somit kann man den Alexanderplatz zwar als ein geplantes Ensemble bezeichnen, jedoch hat seine heutige Symbolik nichts mehr mit der ehemals von den Sozialisten geplanten zu tun. Demzufolge hat der Platz seinen radikalen Wandel seiner symbolischen Repräsentativität hinter sich.

3. Beschreibung und Deutung der Gesamtanlage

Die oben genannten Wahrzeichen sind nur einige in dem komplexen Achsenensemble vom Ernst-Reuter-Platz bis zum Alexanderplatz. Viele mussten vom Verfasser aus Platzgründen weggelassen werden, wie z. B. das Bundeskanzleramt, der Platz der Republik, das Schloss Bellevue, um nur einige zu nennen.

Optisch betrachtet ist das Achsenensemble eine nahezu gerade verlaufende West-Ost-Verbindung, die etwa auf Höhe des Schlossplatzes Richtung Nord-Osten abknickt. Es verbinden sich auf dieser Achse die „Straße des 17. Juni“, „Unter den Linden“ und die „Karl-Liebknecht-Straße“ zu einer knapp --- Kilometer langen „Wahrzeichenmeile“. Fast alle Wahrzeichen liegen direkt an der Straße oder einige Meter abseits davon. Somit bietet sich die Achse als Wahrzeichen und somit Tourismusmagnet förmlich an.

Historisch gesehen kann man nicht sagen, dass die Achse Ergebnis einer umfassenden Planung ist, jedoch ist ihr heutiges Aussehen auch nicht zufällig entstanden. Eine Mischung aus beidem trifft wohl am ehesten auf die Realität zu.

Seit jeher ist die Achse ein Verkehrsweg gewesen – vom Sandweg im 17. Jahrhundert bis zur wichtigsten Ost-West Verbindung Berlins im 21. Jahrhundert. Sie ist also schon vorhanden gewesen, bevor der Mensch durch den Bau von umfangreichen Verkehrsverbindungen oder wichtigen Gebäuden (etwa ab 1900) bewusst und regulierend in deren Entwicklung eingegriffen hat.

Möglicherweise kann man die Umsetzung der Siegessäule 1939 als den Zeitpunkt bezeichnen, von dem an das Achsenensemble begann, eine geplante Struktur anzunehmen. Als erstem Nationaldenkmal Deutschlands kann man der Siegessäule eine so hohe Bedeutung zumessen, die die

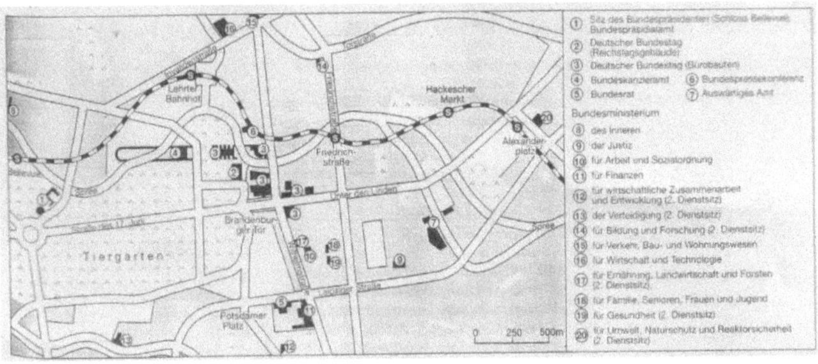

Abb. 15: Das politische Zentrum Deutschlands

Stadtplanung in der Folge dazu veranlasst haben könnte, die Achsengestaltung planerisch zu vollziehen und das Gesamterscheinungsbild dieser zu berücksichtigen.

Die Umsetzung der Siegessäule auf den Großen Stern betonte die Achse zusätzlich und zeigt deutlich, dass dies bei der Planung der Umsetzung eine Rolle gespielt haben muss.

Die Achse hat kein geplantes Zentrum, wie dies z. B. bei Platzensembles durchaus typisch ist.

Dadurch, dass die Achse zuerst da war, sich die Wahrzeichen erst später nach und nach hinzugekommen. Als heutiges Zentrum kann man jedoch zweifelsohne den Reichstag und die vielen ihn umgebenen Gebäude mit der politischen Vertretung Deutschlands nennen (siehe Abb.15[58]). Hier liegt das politische Zentrum Deutschlands und somit auch das Zentrum der Achse.

Interessant ist auch die Frage, ob die Himmelsrichtung bei der Entstehung eine Rolle gespielt hat. Sicher nicht in der Frühphase, jedoch erlaubt die Ost-West-Ausrichtung vielfache Deutungsmöglichkeiten in politischer Hinsicht. Man könnte fast von einer politischen Geomantie sprechen, ist doch die Teilung Deutschlands in Ost und West mitten durch die betrachtete Achse ebenso ein symbolischer Akt gewesen: Ein komplexes Wahrzeichen wie die Berliner Achse wird durch zwei einander konkurrierende Politiksysteme in Ost und West (in sozialistisch und demokratisch) geteilt.

Die Bedeutung der Achse wird außerdem deutlich, wenn man Kevin Lynchs wegweisende Arbeit „The image of the cities" aus dem Jahr 1960 heranzieht. Er definiert fünf Elemente, die das Bild einer Stadt strukturieren[59]. Diese fünf Elemente sind alle auf das betrachtete Achsenensemble übertragbar. Es sind „Wege" vorhanden mit den Großen Straßen wie „Straße des 17. Juni" oder „Unter den Linden", wir finden mit der Berliner Mauer bzw. mit deren Gedenkmonumenten ehemalige Grenzlinien vor. Einen Bereich könnte man westlich und östlich der ehemaligen Mauergrenze definieren, immer noch spricht man hier von West- und Ostberlinern. Brennpunkte sind ebenso reichlich vorhanden, z. B. der Ernst-Reuter-Platz, der Große Stern oder das S-Bahn Haltestelle Tiergarten. Und eben auch Wahrzeichen sind in diesem komplexen Gebiet der Berliner Achse hinreichend vorhanden, wie z. B. die Siegessäule oder der Reichstag.

Was die gesamte Anlage so bedeutsam macht, ist die hohe Anzahl an Wahrzeichen, die für sich das „Alleinstellungsmerkmal" beanspruchen können und die sich hier auf einer relativ geringen Fläche kumulieren. Hierzu zählen unter anderem das Brandenburger Tor, die Siegessäule oder auch der Reichstag mit dem Kuppelneubau.

4. Symbolik des Achsenensembles

Um die Symbolik der Berliner Achse genauer zu beleuchten, ist es zuvor nötig, die Bedeutung Berlins in seiner Gesamtheit kurz darzulegen.

---

[58] Müller, André und Schmitz, Stefan (2001): Berlin – *Das Werden der Hauptstadt*. In: *Metropolen*. Praxis Geographie. Oktober 10/2001. S. 19

[59] Newig, Jürgen (2004): Städtische Wahrzeichen als territoriale Symbole – raumzeitliche Manifestationen der Identitätsbedürfnisse von Gruppen. Universität Kiel, unveröffentlicht. S. 4

Administrativ gesehen hat Berlin als Hauptstadt Deutschlands gegenüber ihres ehemaligen Status' als „zentrale Hauptstadt[60]" des Deutschen Reiches an Bedeutung verloren. Mittlerweile ist Berlin eben keine zentrale Hauptstadt mehr, sondern beherbergt zwar das Parlament, das Bundesverfassungsgericht befindet sich aber z. B. in Karlsruhe. Nach der Teilung erlitt Berlin einen starken Bedeutungsverlust, da es zwar Hauptstadt der DDR blieb, es aber als Hauptstadt der Bundesrepublik aufgrund seiner eingeschlossenen Lage nicht in Frage kam.

1989 war Berlin für kurze Zeit das Zentrum der Welt, als friedliche Demonstrationen und eine Politik der Zusammenarbeit die innerdeutschen Grenzen öffneten.

Seit dem Beschluss 1991, das Berlin wieder die gesamtdeutsche Hauptstadt werden sollte, hat die Stadt einen konstanten Bedeutungszuwachs erlebt. Dieser lässt sich am ehesten an der steigenden Zahl der Touristen festmachen (siehe Tab. 1[61]).

Von 1995 an hat sich die Anzahl sowohl ausländischer als auch inländischer Touristen konsequent erhöht, von 2003 zu 2004 ist sogar eine Steigerung um knapp 17%

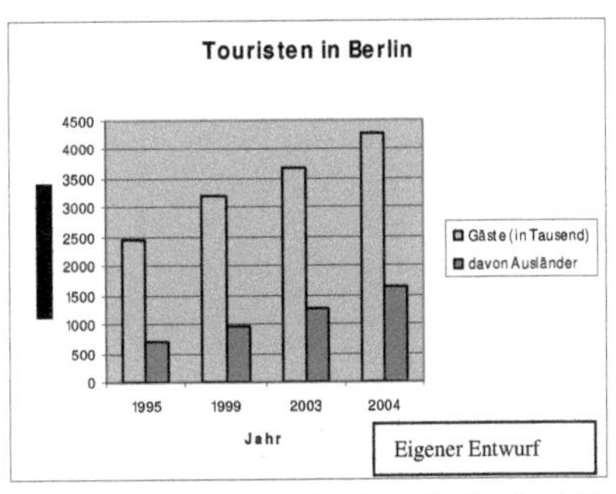

Tab. 1: Touristen in Berlin/Jahr in Tausend

vorhanden. Die Beliebtheit Berlins ist in Bezug auf den Tourismus also konsequent gestiegen, und es gibt keine sichtbaren Anzeichen für einen Rückgang dieser Entwicklung.

Was bedeutet dies nun für die Symbolik der Berliner Achse? Ist sie überhaupt für den Bedeutungszuwachs Berlins verantwortlich?

Unzweifelhaft gilt der Berliner Achse das Hauptinteresse der Touristen, kumuliert sich hier doch eine Vielzahl der Berliner

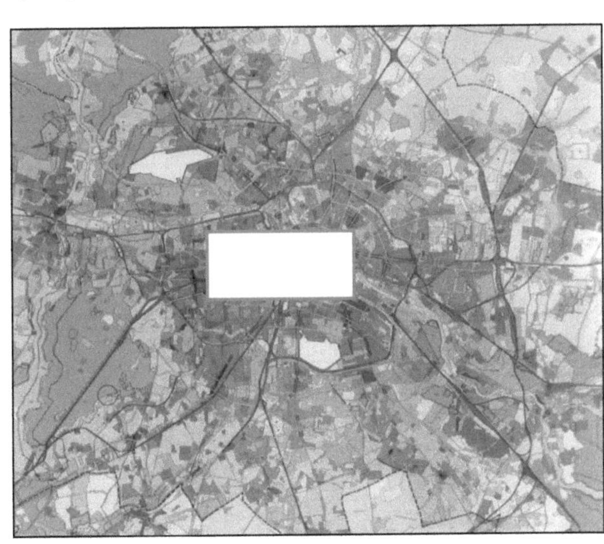

Abb. 16: Die Berliner Achse – auch visuell auffällig

---

[60] Schwarz, Gabriele (1988): *Allgemeine Siedlungsgeographie Teil 2: Die Städte*. Walter de Gruyter Verlag, 4. Auflage, Berlin, New York. S. 637f
[61] Daten aus: http://www.statistik-berlin.de/Tourismus/Tourismus.pdf und http://www.statistik-berlin.de/kbst/kbs-21.htm

Wahrzeichen. Außerdem ist die Achse rein visuell schon ein großer Anziehungspunkt, der beim Betrachten einer Karte erst recht ins Auge fällt (siehe Abb. 16[62]), die zudem im Zentrum liegt, was allein schon symbolisch ist.

Wahrscheinlich ist es jedoch so, dass sowohl die oben behandelten Wahrzeichen als auch ganz Berlin oder weiter außerhalb gelegene Wahrzeichen (auch Potsdam) für den Bedeutungszuwachs verantwortlich.

> *„Durch die dauernde Anwesenheit eines Wahrzeichens gewinnt auch der Platz, auf dem es steht, bzw. die unmittelbare Umgebung eine nicht zu unterschätzende Dignität. "*
>
> Jürgen Newig[63]

So hat die Berliner Achse durch den Bau des Reichstages oder die Sanierung des Brandenburger Tores über die Jahrhunderte sicherlich an Bedeutung gewonnen, und zwar in einem so hohen Maße, wie dies ohne die Wahrzeichen nicht möglich gewesen wäre. Gleichsam profitiert das Ensemble auch von externen Einflüssen, wie eben z. B der Wahl zur Hauptstadt oder auch von dem gestiegenen Interesse auch an anderen Wahrzeichen Berlins, wie dem Schloss Charlottenburg oder der Kaiser-Wilhelm Gedächtniskirche. Aber auch moderne Gebäude, wie z. B. das restaurierte Olympiastadion, bieten Anreizpunkte und steigern Berlins Bedeutung.

Außerdem bieten gerade auch Zentren politischer Macht, wie Berlin unverkennbar eines ist, oft Anreize, diese zu besuchen (z. B. das Weiße Haus in Washington oder 10 Downing Street in London). Gerade Berlin bietet als immer noch zerrissene, durch Teilung geschädigte Stadt enorme Anreizpunkte, der Reichstag als neues Machtsymbol wirkt faszinierend, so wie Macht auf Menschen immer faszinierend wirkt. Berlin ist mittlerweile, gerade wegen ihrer wechselvollen Geschichte, zur bedeutendsten Stadt Deutschlands geworden und repräsentiert die wieder gewonnene Stärke einer Nation, die Wahl zur neuen deutschen Hauptstadt hat dies noch verstärkt.

> *„Auch wenn die Synergieeffekte des Umzugs* [von Bonn nach Berlin] *derzeit kaum abzuschätzen sind, ist die psychologische Wirkung doch erheblich. "*
>
> André Müller und Stefan Schmitz[64] nach Süß, Rytleski

Hohe Erwartungen sind in das neue Berlin gesteckt, als „nicht nur politisches, sondern auch geistiges, kulturelles und wirtschaftliches Zentrum"[65].

---

[62] Senatsverwaltung für Stadtentwicklung und Umweltschutz, Referat Öffentlichkeitsarbeit (1994): *Flächennutzungsplan Berlin – FNP 94.* Heenemann, 2. Auflage. S. 5

[63] Newig, Jürgen (2004): Städtische Wahrzeichen als territoriale Symbole – raumzeitliche Manifestationen der Identitätsbedürfnisse von Gruppen. Universität Kiel, unveröffentlicht. S. 5

[64] Müller, André und Schmitz, Stefan (2001): Berlin – *Das Werden der Hauptstadt.* In: *Metropolen.* Praxis Geographie. Oktober 10/2001. S. 17

[65] Müller, André und Schmitz, Stefan (2001): Berlin – *Das Werden der Hauptstadt.* In: *Metropolen.* Praxis Geographie. Oktober 10/2001. S. 17

5. Zusammenfassung und Ausblick

Wie ausführlich dargelegt, ist Berlin schon immer eine hochsymbolische Stadt gewesen und hat diesen Status bis heute auch nicht eingebüßt, im Gegenteil. Sie hat als Anziehungspunkt für Touristen weiter an Bedeutung gewonnen, und nicht zuletzt der Umzug der Politik aus Bonn nach Berlin hat ihren Status als mächtigstes politisches Zentrum Deutschlands begründet.

Doch wie sieht die Zukunft der deutschen Hauptstadt und insbesondere der Berliner Achse aus? Die Berliner Achse ist kein Ensemble, das statisch in seinem momentanen Zustand verharrt, sondern es wird ständig restauriert, aber auch erweitert. Im März 2005 fand der 1988 erstmals initiierte Bau eines Mahnmals zum Gedenken der im zweiten Weltkrieg ermordeten Juden seinen Abschluss. Das Mahnmal liegt nur wenige Meter südlich des Brandenburger Tores und somit unmittelbar im Gebiet der Achse (siehe Abb. 17[66]). Zweifelsohne hängt der Bau des Denkmals gerade hier in Berlin, dazu noch in unmittelbarer Nähe des Zentrums des Nazi-Regimes, mit der Symbolik der Stadt Berlin und ihrer wechselvollen, teils

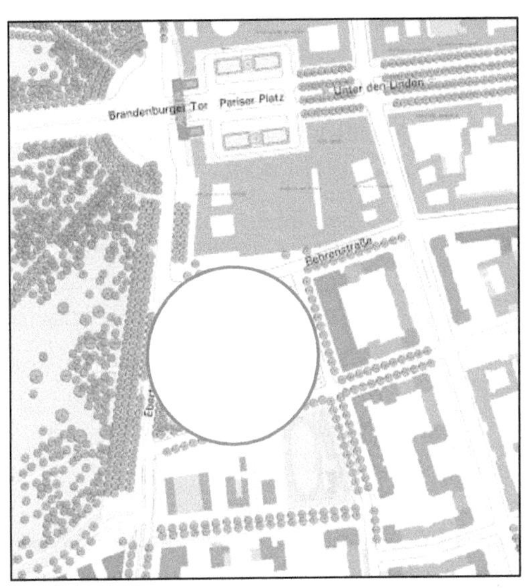

Abb. 17: Lage des Holocaust Mahnmals

grausamen Geschichte zusammen. Sicher wird das Denkmal die Bedeutung der Achse weiter steigern, nachdem es die Stadt durch die intensive Diskussion über das Mahnmal schon stark in den Focus der Öffentlichkeit gerückt hat.

Und noch eine weitere, in der Literatur bisher kaum beachtete Funktion, könnte die Berliner Achse erfüllen. Nach Weichhart ist „räumliche Identität die kognitiv-emotionale Repräsentation von räumlichen Objekten im Bewusstsein eines Individuums bzw. im kollektiven Urteil einer Gruppe"[67]. Sie können also Menschen und Gruppen miteinander verbinden. Wie in Punkt 3.5.3 ausführlich erläutert, fehlt es auch über 15 Jahre nach der Wende noch an der Bindung zwischen den Bürgern Ost- und Westberlins. Die Jahre der Trennung, die für die Kluft verantwortlich sind, könnten durch die Wahrzeichen Berlins überwunden werden, sind sie doch von Bürgern Ost- wie Westberlins akzeptiert. Vielleicht können sie im Laufe der Zeit ein gemeinsames Lebensgefühl und eine gemeinsame

---

[66] http://www.holocaust-mahnmal.de/besucherservice/?zoom=1&col=1&image=20&PHPSESSID=9ce3d382f9591a3553b8cef47f160872
[67] Newig, Jürgen (2004): Städtische Wahrzeichen als territoriale Symbole – raumzeitliche Manifestationen der Identitätsbedürfnisse von Gruppen. Universität Kiel, unveröffentlicht. S. 6

Identifikation mit Berlin in der Bevölkerung auslösen. Die deutlichen Zugewinne auch bei Symbolen, die auf dem ehemals fremden Territorium stehen, sprechen für eine leise Abkehr von veralteten Segregationsvorstellungen.

Vielleicht kann die Berliner Achse in Bezug auf dieses Thema eines der Hauptmerkmale von Wahrzeichen ausspielen: Über die Territorialität des Menschen Vertrautheit und Identitätsbildung hervorrufen, die losgelöst von früheren Mustern ist, und zu einem ausgeprägten Bewusstsein von Zusammengehörigkeit in der Gesamtberliner Bevölkerung führt.

6. Literatur

Baedeker, Verlag (2001): *Baedeker Berlin – Stadtführer von Karl Baedeker.* Karl Baedeker GmbH, Ostfildern-Kemnath und München.

Diercke (1974): *Weltatlas.* Georg Westermann Verlag, Braunschweig.

Engel, Helmut und Ribbe, Wolfgang (1993): *Hauptstadt Berlin – Wohin mit der Mitte?* Akademieverlag, Berlin.

Newig, Jürgen (2004): *Städtische Wahrzeichen als territoriale Symbole – raumzeitliche Manifestationen der Identitätsbedürfnisse von Gruppen.* Universität Kiel, unveröffentlicht.

Koziol, Christian und Wetzlaugk, Udo (1984): *Berlin im Überblick.* Informationszentrum Berlin. Cornelsen-Velhagen &Klasing, Berlin.

Müller, André und Schmitz, Stefan (2001): Berlin – *Das Werden der Hauptstadt.* In: *Metropolen.* Praxis Geographie. Oktober 10/2001. S. 17-20

Schreiner, Joachim (1999): *Gibt es die Mauer in den Köpfen?* In: *Berlin-Brandenburg.* Geographie heute. Heft 170/Mai 1999. S. 36-39

Schwarz, Gabriele (1988): *Allgemeine Siedlungsgeographie Teil 2: Die Städte.* Walter de Gruyter Verlag, 4. Auflage, Berlin, New York.

Senatsverwaltung für Stadtentwicklung und Umweltschutz, Referat Öffentlichkeitsarbeit (1994): *Flächennutzungsplan Berlin – FNP 94.* Heenemann, 2. Auflage.

Wörner, Martin u. a. (2001): *Architekturführer Berlin.* Dietrich Reimer Verlag, 6. Auflage, Berlin.

Internetquellen:

Internet-Adresse	Datum des Aufrufs
http://alex.ais.fraunhofer.de/zeno/forum;jsessionid=C95F5F083AD0DFB5830039A7C1F5D401?action=editArticle&id=561&view=newWindow	
http://alex.ais.fraunhofer.de/zeno/forum?action=editArticle&id=552&view=newWindow	
http://de.wikipedia.org	
http://infos.aus-germanien.de/Geschichte_der_Berliner_U-Bahn	
http://nora.embl-heidelberg.de/gallery/Berlin2003/Reichstag	
http://rcswww.urz.tu-dresden.de/~berth/daw/kulturschock.html	
http://userpage.chemie.fu-berlin.de/BIW/d_berlin-geschichte.html	
http://www.berlin.citysam.de/reichstag.htm	
http://www.berlin.ihk24.de/BIHK24/BIHK24/servicemarken/branchen/tourismus/Brancheninformationen_fuer_Gastgewerbe_und_Tourismus/analysen_fakten/Beherbergungsstatistik.pdf	
http://www.berlincompact.de/Reichstag/Textinfo.htm	
http://www.berlinstreet.de	
http://www.br-online.de/politik-wirtschaft/mittagsmagazin/dynamisch/specials/reichstag/reichstag.htm	
http://www.bund-berlin.de/index.php?id=214&type=10	
http://www.cfd.tu-berlin.de/~peth/berlin/berlin-siegessaeule.html	
http://www.cfd.tu-berlin.de/~peth/berlin/berlin-siegessaeule.html	
http://www.dvw-lv1.de/3_termine/3_lage_bln.htm	
http://www.fotoflugzeug.de/luftbild_grosser_stern_berlin.htm	
http://www.freenet.de/freenet/nachrichten/kontrovers/schwerpunkte/deutsche_einheit/mauer/	
http://www.holocaust-mahnmal.de/besucherservice/?zoom=1&col=1&image=20&PHPSESSID=9ce3d382f9591a3553b8cef47f160872	
http://www.nachkriegsmoderne.de/kahl/kahl.htm	
http://www.nachkriegsmoderne.de/kahl/kahl.htm	
http://www.ndrinfo.de/ndrinfo_pages_std/0,2758,OID693146_REF50,00.html	
http://www.s-bahn-berlin.de/events/sehenswuerdigkeiten_e.htm	
http://www.stadtentwicklung.berlin.de/service/veroeffentlichungen/de/karten/historisch/index.shtml	
http://www.stadtentwicklung.berlin.de/umwelt/stadtgruen/gruenanlagen/de/gruenanlagen_plaetze/grosser_tiergarten/index.shtml	
http://www.statistik-berlin.de/Tourismus/Tourismus.pdf	
http://www.structurae.de/structures/data/index.cfm?id=s0004285